U0181823

户外劳动者
服务站点建设
指导手册

本书编写组◎编
郑莉◎编著

OUTDOOR
WORKER

中国工人出版社

图书在版编目（CIP）数据

户外劳动者服务站点建设指导手册 /《户外劳动者服务站点建设指导手册》编写组编；郑莉编著.
--北京：中国工人出版社，2020.12
ISBN 978-7-5008-7577-2

Ⅰ.①户⋯　Ⅱ.①户⋯②郑⋯　Ⅲ.①室外 - 工作人员 - 服务建筑 - 建筑设计 - 手册
Ⅳ.①TU247.9-62

中国版本图书馆CIP数据核字（2020）第251313号

户外劳动者服务站点建设指导手册

出　版　人	王娇萍	
责 任 编 辑	时秀晶　李思妍	
责 任 印 制	栾征宇	
出 版 发 行	中国工人出版社	
地　　　址	北京市东城区鼓楼外大街45号　邮编：100120	
网　　　址	http://www.wp-china.com	
电　　　话	（010）62005043（总编室）	
	（010）62005039（印制管理中心）	
	（010）82075935（职工教育分社）	
发 行 热 线	（010）62005996　82029051	
经　　　销	各地书店	
印　　　刷	三河市东方印刷有限公司	
开　　　本	787毫米×1092毫米　1/32	
印　　　张	3.25	
字　　　数	52千字	
版　　　次	2021年1月第1版　2021年1月第1次印刷	
定　　　价	28.00元	

本书如有破损、缺页、装订错误，请与本社印制管理中心联系更换
版权所有 侵权必究

环卫工人、交通警察、快递员、出租车驾驶员以及千千万万的户外劳动者，是美好生活的创造者、守护者。然而长期以来，"吃饭难、喝水难、休息难、如厕难"一直是困扰这些户外劳动者的大难题。

2016年起，中华全国总工会办公厅印发《关于推进户外劳动者服务站点建设的通知》，要求各省、自治区、直辖市总工会依托工会困难职工帮扶中心、站点和社会力量，建立户外劳动者服务站点，改善环卫工人、出租车驾驶员、交通警察、快递员等户外劳动者的劳动条件。自此，全国总工会在全国范围内正式启动了户外劳动者服务站点建设工作。

2019年，全国总工会办公厅又印发了《关于进一步规范和做好工会户外劳动者服务站点建设工作的通知》，明确了户外劳动者服务站点建设的目标任务、站点功能，并从如何科学合理布局、动员社会参与、争取党政支持、大力宣传引导、强化组织领导五方面提出了要求。同时，在贯彻落实新思想、新精神的前提下，提出了要进一步提高思想认识和政治站位，进一步规范协同社会资源开展站点建设的工作模式，进一步健全工作机制和相关工作标准，进一步加强宣传引导和调研指导。

值得一提的是，2019 年 4 月，全国总工会为中国建设银行总行营业部"户外劳动者服务站点·劳动者港湾"授牌，使其成为全国首个挂牌的户外劳动者服务站点共建品牌。与此同时，金融行业推进服务资源开放共享工作正式启动。随后，这项工作在全国迅速推广，在金融办公大楼、商场超市、手机营业厅等窗口行业，建起了一大批属于户外劳动者的"温暖港湾"。

在全国总工会的大力倡导下，各级工会把建设户外劳动者服务站点作为学习贯彻习近平总书记关于工人阶级和工会工作的重要论述，履行维权服务基本职责的有力抓手。站点建设在全国推广 4 年来，各省（区、市）的户外劳动者站点建设工作开展得如火如荼，截至 2019 年，各级工会采取多种方式建设站点超过 2 万个，让劳动者"累了能歇脚，渴了能喝水，没电能充电，饭凉能加热"。

各地的实践表明，户外劳动者服务站点发挥了显著作用，如改善了户外劳动者的劳动条件，成为工会宣传职工、服务职工的重要阵地，树立了工会形象，改变了工会工作作风，也成为爱心接力、传递正能量的平台。在许多地方，户外劳动者服务站点成为城市的一道亮丽风景线，既使职工感受到家的温暖，也有助于全社会进一步了解工会、认识工会。通过服务站点的建设和运行，工会干部进一步深入职工、贴近职工，对于工会转变作风、改革机构、去除"四化"起到了积极的促进作用。

为了进一步创新工会户外劳动者服务站点工作方式方法，拓展站点服务功能，整合站点服务手段，提高站点服务职工精准化水平，2020 年 5 月，全国总工会办公厅印发《关于规范工会户外劳动者服务站点相关工作的指导意见》（以下简称《指导意见》）。本指导手册分章节系统解读了《指导意见》的重要内容和安排举措，并介绍了各地在推进户外劳动者服务站点建设中探索的经验做法，从而进一步推动工会户外劳动者服务站点规范化建设，实现站点广覆盖、服务多元化，履行好工会维权服务的基本职责。

| 目 录 |

1   第一部分　《关于规范工会户外劳动者
　　　　　　　　服务站点相关工作的指导意见》

11   第二部分　服务对象篇

21   第三部分　建设方式篇

31   第四部分　标识规格篇

47   第五部分　建设标准篇

59   第六部分　资产运行篇

69   第七部分　制度规范篇

77   第八部分　考核评价篇

第一部分

《关于规范工会户外劳动者服务站点相关工作的指导意见》

中华全国总工会办公厅印发《关于规范工会户外劳动者服务站点相关工作的指导意见》的通知

各省、自治区、直辖市总工会,各全国产业工会,中央和国家机关工会联合会,全总各部门、各直属单位:

现将《关于规范工会户外劳动者服务站点相关工作的指导意见》印发给你们,请遵照执行。

中华全国总工会办公厅

2020 年 5 月 6 日

中华全国总工会办公厅关于规范工会户外劳动者服务站点相关工作的指导意见

为深入学习贯彻习近平新时代中国特色社会主义思想

和党的十九大精神，贯彻落实中国工会十七大的工作部署，做好职工维权服务工作，按照《中华全国总工会关于推进户外劳动者服务站点建设的通知》《关于进一步规范和做好工会户外劳动者服务站点建设工作的通知》要求，进一步创新工会户外劳动者服务站点（以下简称站点）工作方式方法，拓展站点服务功能，整合站点服务手段，提高站点服务职工精准化水平，提出以下指导意见。

一、服务对象

站点主要以环卫工人、出租车驾驶员、交通警察、快递员等户外劳动者为主要服务对象。各地可根据实际扩展服务对象范围。

二、建设原则和方式

（一）建设原则。

本着少投入、好管理、易复制、可持续的工作原则，按照"工会主导、社会参与、共建共享、务实高效"的工作思路，倡导利用现有社会资源建立站点。

（二）建设方式。

站点建设方式分为共建和自建两种方式，突出共建共享。共建指由县级及以上工会组织与政府、社会组织（公益组织、基金会等）、爱心企事业单位及人士共同建设、运营、管理。自建指由县级及以上工会组织自筹资金单独建立(设立)。

共建包括但不限于以下形式:依托政务大厅、金融企业网点、物流快递网点、环卫场站、通信企业营业厅、商场超市、餐饮住宿企业、医院、加油站、重点工程建设工地等单位场所挂牌设立;利用工会困难职工帮扶中心(职工服务中心)、帮扶(服务)工作站(点)及已有的各类工会服务站点等与其他单位(组织、个人)合作设立。

三、建设标准

站点建设遵循"六有"标准:有统一的标识名称、有合理的站点布局、有健全的服务设施、有完善的服务功能、有规范的管理制度、有地图可查。

(一)标识。

站点统一标识,格式为"工会户外劳动者服务站点·×××",可使用工会会徽。标识内容和会徽的使用应符合全国总工会有关规定,可参考《中华全国总工会办公厅关于统一和规范工会资产服务阵地标识的通知》(总工办发〔2018〕27 号)和《中华全国总工会办公厅印发〈关于中国工会会徽制作使用的若干规定〉的通知》(总工办发〔2019〕12 号)相关规定。

标识可体现站点 (地方) 特色，内容及颜色应保持严肃性。标识设计及使用应报省级工会同意，以省级工会为单位报全国总工会备案。已有标识的各类站点，应根据实际情况，对符合条件的，采取更新或加挂等方式逐步规范统一。共建站点应实现标识互挂互认。

标识可采取标牌或其他适当形式，一般应在室外醒目位置予以明示。标识 (标牌) 规格大小可根据各地实际由县级及以上工会统一制作。

(二) 建设布局。

各地应根据实际情况进行站点建设布局。建设前应对建设地点、辐射范围、覆盖人群等进行考察评估。站点密度应考虑城市道路情况和户外劳动者工作区域。可根据工作需要设置流动站点。

(三) 基本设施。

站点应有相对固定运行面积，配备基础设施，包含但不限于：饮水设备、微波炉、桌椅、电风扇 (空调)、医药箱、多功能电源插座等，应正常通水通电。有条件的站点可拓展服务功能，配备厕所、冰箱、储物柜、维修工具箱、电视机、无线网络 (Wi-Fi)、工会报刊书籍、充电充气工具等。

站点外部应在显著位置标示包括服务内容、开放时间、管理人员姓名、电话等信息内容。

（四）服务功能。

站点应提供能解决户外劳动者"吃饭难、喝水难、休息难、如厕难"等现实问题的相关服务功能。

鼓励各地因地制宜拓展站点服务功能，把站点打造成改善户外劳动者劳动条件的平台，宣传和教育户外劳动者的阵地，树立工会形象、彰显工会作为的窗口，全社会奉献爱心、传递正能量的纽带和桥梁。

（五）管理制度。

站点应制定日常管理规定、服务流程、安全须知等规章制度，并在站点内明示。逐步建立健全其他相关管理制度和退出机制。

（六）地图查询功能。

省级工会应统筹掌握区域内站点建设布局情况，符合标注地图条件的，利用百度地图、高德地图等互联网查询工具和工会 App、微信小程序、公众号等手段，形成站点布局电子地图。

运行中的站点位置、外观图片、可提供服务等信息应及时上传，以便于户外劳动者通过手机等设备进行查找。

站点信息发生变化时，应及时在电子地图上做出修改。

四、运行和管理

（一）日常运行管理。

省级、市（县、区）级工会和站点各负其责。省级工会统筹规划，市（县、区）级工会具体组织实施。每个站点应确定管理人或团队，保障站点安全、有序运行。

运行管理可采取自行管理、共建单位负责管理、工会购买服务、服务对象自主管理等多种形式。

（二）固定资产管理。

共建站点固定资产可按共建方内部标准管理，但须接受工会监督指导。

自建站点应按照全国总工会《工会固定资产管理办法》（总工办发〔2002〕30 号）和《全国总工会财务部〈关于确定工会行政性固定资产单位价值标准〉的复函》（工财函〔2016〕12 号）精神，确定固定资产范围，明确产权关系，落实具体管理单位和人员，建立健全站点固定资产管理制度，加强管理，确保站点固定资产安全和完整，自觉接受工会审计与监督。

（三）资金的募集、使用和管理。

可多渠道、多形式募集相关资金。各地应积极向同级党委、政府报告，争取财政支持。有条件的地区，可接受企事业、社会团体和爱心人士等合法捐赠。省级工会可在全总回拨经费等转移性支出中安排站点工作相关支出。资金可用于站点建设、运营、管理、宣传、监督、考核、评估等方面，按工会专项经费管理，可纳入年度预算统筹考虑。

五、评价、考核、监督

各地应建立站点工作评价机制。可采取随机抽查、第三方评估、暗访等方式，对站点建设运行管理进行评价。县级及以上工会可结合当地实际确定相关标准，制定站点考核评分体系。省级工会每年应对各地站点工作进行考核、监督。全国总工会对各地站点工作进行指导。

六、工作要求

各级工会要充分认识规范站点工作的重要意义，统一思想，提高认识，加强领导。要健全站点规划、建设、运行、管理、维护、资金支持、评价、考核、监督等相关工作机制。要加强日常调研和定期评价、考核。要按照工会统计相关规定，做好站点工作相关数据的统计上报。

各省级工会要结合本地区实际研究制定具体实施办法，认真抓好落实。各地工会贯彻落实本意见情况及站点工作进展情况及时报全国总工会，省级工会制定实施的站点工作规划、建设管理标准等文件报全国总工会权益保障部备案。

第二部分

服务对象篇

《指导意见》：站点主要以环卫工人、出租车驾驶员、交通警察、快递员等户外劳动者为主要服务对象。各地可根据实际扩展服务对象范围。

站点应提供能解决户外劳动者"吃饭难、喝水难、休息难、如厕难"等现实问题的相关服务功能。鼓励各地因地制宜拓展站点服务功能，把站点打造成改善户外劳动者劳动条件的平台，宣传和教育户外劳动者的阵地，树立工会形象、彰显工会作为的窗口，全社会奉献爱心、传递正能量的纽带和桥梁。

全国总工会办公厅于 2016 年 1 月 28 日印发的《关于推进户外劳动者服务站点建设的通知》已基本明确站点服务对象，即在有条件的县级以上工会组织建立以环卫工人、出租车驾驶员、交通警察、快递员等户外劳动者为主要服务对象的服务站点体系，鼓励有条件的乡镇（园区）建立服务站点。服务内容主要围绕保障和改善户外劳动者的生产生活条件，重点解决饮水、就餐、如厕和休息等实际问题。值得一提的是，在实际建设过程中，一些地方将货车司机、建筑工人，乃至新业态从业人员也纳入了服务对象范围。

▶ **解读**

　　喝水难、吃饭难、休息难、如厕难……这些问题长期困扰着环卫工人、出租车驾驶员、交通警察、快递员等户外劳动者，是他们关心的最直接、最现实的利益问题。工会干部是职工群众最值得信赖的"娘家人"，要做实做细服务职工工作，应从大处着眼、小处着手，从一点一滴做起，把工作做在日常、功夫下在平时。有针对性地解决户外劳动者的实际难题，正是工会组织承担维权服务基本职责的具体体现。

▶ **案例**

1. 服务人群

　　@ 河北省总工会：2017 年和 2018 年，河北省总工会与河北省住房和城乡建设厅连续两年联合下发《关于新建环卫职工工间休息室的通知》，在主城区和县城修建环卫职工工间休息室，解决环卫职工工间休息、就餐、饮水等各项实际困难。2019 年，服务对象从单纯环卫职工，扩展到以环卫职工为主，兼顾出租车驾驶员、交通警察、快递员等户外劳动者，不断健全服务体系，扩大服务范围，提升服务质量，拓展服务项目，有利于实现广大户外劳动者实际需求。

@ 黑龙江省总工会：2019 年制定的《黑龙江省工会户外劳动者服务站点建设工作指导意见》，明确站点服务对象主要为环卫工人、快递员、送餐员、出租车驾驶员、交通警察、园林绿化工、网约车（货运车）驾驶员、电器安装维修人员、行政工作执法人员等户外劳动者和路过站点需要休息和帮助的职工群众。

@ 衢州市总工会：在"劳动者港湾"建设实施方案中明确，"劳动者港湾"以环卫工、市政管理人员、市政养护工、园林绿化工、出租车司机、公交（大巴）司机、交通警察（含协辅警）、邮（快）递员、志愿者等户外劳动者为主要服务对象。各地各单位要按照优化布局、合理选址、应建尽建的工作要求，通过对现有城区"环卫工人休息点"改造提升一批、重新布局新建一批的方式，最终实现有条件的单位应建尽建。

@ 安徽省总工会：开展了创建安徽省户外劳动者"幸福驿站"活动。要求县级以上地方工会和基层窗口单位，依托工会困难职工帮扶中心（站点）和沿街"窗口"单位，以环卫工、出租车驾驶员、快递员和城管协管员等户外劳动者为主要服务对象，以保障和改善户外劳动者的生产生活条件为内容和目标，积极探索创建户外劳动者"幸福驿站"。

@ 四川省总工会：2019 年和 2020 年，四川省总工会、中国邮政集团有限公司四川省分公司、中国邮政储蓄银行股份有限公司四川省分行印发《关于建设劳动者驿站 (工会户外劳动者服务站点) 的通知》《关于加强工会户外劳动者服务站点建设的通知》，在全省联合开展"劳动者驿站"(工会户外劳动者服务站点) 建设工作，以环卫工人、快递员、送餐员、市政养护工、园林绿化工、出租车司机、城建协管员、交通警察 (含协辅警) 等户外劳动者为主要服务对象。

@ 云南省总工会：已投入 5200 余万元，在全省建成符合建设标准的"工会户外劳动者服务站点·职工驿站"1355 个，服务人群覆盖广大环卫工人、建筑工人、建筑清洁工、园林绿化工、市政工作人员、通信 (电力) 维护人员、空调安装维修人员、交警、交通协管员、行政执法人员、出租车 (网约车、货运车) 司机、快递员、送餐员、保安、农民工等户外劳动者。

@ 陕西省总工会：2018 年，陕西省总工会与陕西省住房和城乡建设厅联合制定了《陕西工会户外劳动者服务站点（工会爱心驿站）建设专项行动方案》，明确为广大环卫工人、出租车司机、交通警察、快递员等户外劳动者改善生产生活环境，针对户外劳动者在就餐、饮水、休息等方面面临的实际困难，在各县区建立一批工会爱心驿站。

@ 新疆维吾尔自治区总工会：2020 年制定了《自治区工会户外劳动者服务站点建设实施方案》，明确要求户外劳动者服务站点建设重点以服务环卫工人、园林工人、出租车驾驶员、公交司机、快递员、交警、市政维修工和建筑工人等户外劳动者，切实解决他们工作期间饮水、热饭、如厕、休息、纳凉取暖等现实问题，为户外劳动者体面劳动创造良好的社会环境。力争到 2022 年底实现全区各地、州、市户外劳动者站点全覆盖。

2. 服务功能

@ 北京市总工会：从 2018 年开始，在企业车间班组、社区、楼宇、商业网点、加油站等场所建立职工暖心驿站，作为职工之家服务功能的延伸，规模可大可小，设施可多可少，因需制宜为职工提供或饮水，或热饭，或小憩，或如厕等贴心、暖心服务。

@ **天津市总工会**：在站点选址上，要靠近户外劳动者集中的区域，临街靠路；在合作对象上，尽量依托各类服务中心、临街店铺等，方便户外劳动者进出；同时取用水要方便，休息椅最好配置木质材质；另外，要探索自助服务和 24 小时服务。

鼓励有条件的服务站点增添手机充电器、电动车充电充气工具、储物柜、雨衣雨伞、无线网络、图书、老花镜、针线包等设施；疫情期间要加强防控，提供口罩、酒精棉片等消毒用品；同时，动员周边餐馆、超市、药店、理发店等共同为户外劳动者提供服务；打造以站点为依托，辐射周边的服务圈。

@ **上海市总工会**：从 2018 年开始，上海市总工会、上海市绿化和市容管理局会同各区政府及相关单位，开始建立"户外职工爱心接力站"。最初重点解决户外职工工作时的饮水供给、避暑取暖、餐食加热、手机充电、休息、如厕等实际问题，初步具备六项基本设施：空调、冰箱、微波炉、饮水机或茶桶、充电排插和桌椅等。服务时间一般为 9：00 至 17：00。到了 2019 年，在 6+× 基础上，上海市总工会甄选 200 家具备 Wi-Fi 及公共厕所的站点升级改造，增添充电宝、书报架等设施。2020年市总挑选322家站点进一步优化，提供健康、休闲和政策咨询服务，更多关注户外职工的身心健康和业余生活，提升综合素质。

@ 焦作市总工会：制定的《焦作市工会户外劳动者爱心驿站创建管理办法（试行）》中要求，爱心驿站要成为户外劳动者休憩的场所，配备可供休息就餐的桌椅、热水壶（饮水机）、微波炉、电风扇（空调）、报刊书籍、应急药品、充电充气工具等基本设施。有条件的可拓展服务内容，包括配备冰箱、储物柜、维修工具箱、电视机、无线网络（Wi-Fi）、爱心捐赠柜等设备。与此同时，有条件的爱心驿站可配备一些报纸杂志、书籍，方便入站人员学习；通过各种形式，宣传党的政策，宣传工会、企业、职工，弘扬劳模精神、劳动精神、工匠精神。驿站每天开放时间不低于8小时。

@ 广西壮族自治区总工会：在每个户外劳动者服务站点都设置了宣传栏，宣传党和政府政策法规，工会入会、维权和服务知识，在潜移默化中使职工受到教育，进一步了解工会，融入工会，有效地提升了工会的影响力。同时，还设置留言板，户外劳动者把自己的意愿和要求直接写在留言板上，使工会与职工实现零距离接触，成为工会组织关注民生、了解民情、反映民意的信息收集平台。

@ 成都市总工会： 建立"15 分钟之家"，为户外劳动者提供"六个一"服务，即提供一个休息场所、一套桌凳、一台微波炉、一台饮水机、一套冷暖电器、一个应急医药箱的标准实行规范建设，让户外劳动者冷了有热水喝，饿了有微波炉热饭，累了还可以进屋歇一歇，以满足户外劳动者在工作时，最多步行 15 分钟，就能找到一处充满关爱的"家"。在多次开展满意度调查和工作座谈，听取户外劳动者的意见和建议后，"15 分钟之家"还增加了针线包、手机充电、免费报刊等服务内容。

第三部分

建设方式篇

《指导意见》：站点建设方式分为共建和自建两种方式，突出共建共享。共建指由县级及以上工会组织与政府、社会组织（公益组织、基金会等）、爱心企事业单位及人士共同建设、运营、管理。自建指由县级及以上工会组织自筹资金单独建立（设立）。

共建包括但不限于以下形式：依托政务大厅、金融企业网点、物流快递网点、环卫场站、通信企业营业厅、商场超市、餐饮住宿企业、医院、加油站、重点工程建设工地等单位场所挂牌设立；利用工会困难职工帮扶中心（职工服务中心）、帮扶（服务）工作站（点）及已有的各类工会服务站点等与其他单位（组织、个人）合作设立。

户外劳动者服务站点的建设原则是：本着少投入、好管理、易复制、可持续的工作原则，以"工会主导、社会参与、共建共享、务实高效"为工作思路。全国总工会办公厅印发的《关于推进户外劳动者服务站点建设的通知》，要求各省、自治区、直辖市总工会依托工会困难职工帮扶中心、站点和社会力量，建立户外劳动者服务站点。在之后几年印发的有关文件中，进一步明确可采取多种方式建设站点，特别是倡导利用现有社会资源建立站点。

▶ 解读

各地在实践中逐步探索了工会自建、与其他单位共建、依托其他单位建立等多种形式。自建是指工会运用自己的资金、资源等建设站点向户外劳动者开放；共建是指工会与其他政府部门、群团组织等联合发文，明确责任、标准等建设站点；依托其他单位建立是指动员社会力量，协同社会资源，在服务场所开辟相对固定的区域，配备相应的服务设施服务户外劳动者。借助社会力量服务户外劳动者更加值得鼓励。毕竟，推进户外劳动者服务站点建设，仅凭工会一家之力，很难做到全覆盖。而协同社会资源，一方面发挥了工会组织的枢纽作用；另一方面也能够强化爱心企业的社会责任感，营造关爱户外劳动者的良好社会氛围，可以说是事半功倍的方式。

▶ 案例

1. 共建共享

@ 天津市总工会：制定的《关于规范工会户外劳动

者服务站点工作的实施意见》中要求，本着少投入、好管理、易复制、可持续的工作原则，按照"工会主导、社会参与、共建共享、务实高效"的工作思路，依托商场超市、医院、饭店、地铁站、金融企业网点等公共场所，以及党群服务中心和各区局集团公司工会职工服务中心（帮扶站）等场所建立站点。同时，本着不为我所有，但为我所用，采取工会适当出资、与各种社会资源合作共建的方式，共同推动户外劳动者服务站点建设。

@ 吉林省总工会： 2020 年制定了《关于建设和规范工会户外劳动者服务站点的实施办法》，建设原则明确为本着少投入、好管理、易复制、可持续的工作原则，按照"工会主导、社会参与、共建共享、务实高效"的工作思路，倡导利用现有社会资源建立服务站点，实现规范建设一个，验收合格一个，投入使用一个。

对于建设方式，同样是分为自建和共建两种，突出共建共享。按照吉林省实际情况，主要是依托现有已建成的职工服务中心和职工服务站，按照"六有标准"拓展服务内容。

@ 浙江省总工会： 坚持"工会主导、社会参与、共建共享、务实高效"的工作思路，充分利用现有社会资源建立和完善站点。全省各级工会重点依托职工服务中心（站、点）、文化家园、社区活动中心、环卫工人爱心休息点和城管爱心点等阵地资源，积极争取银行、商场、公交站点等户外劳动者易于出入的公共场所作为户外劳动者休息点建设点的合作单位，以自建、共建、租用的方式强化全覆盖。整合工会志愿者工作力量，建立专门服务队伍，保障户外劳动者服务站点运行。据统计，截至2020年9月，该省已建户外劳动者服务站点4927个，其中工会自建站点1494个，共建站点3478个，共服务户外劳动者1051万多人次，其中省建设建材工会建立环卫工人爱心休息点1285个，覆盖全省11个地市；杭州市已建立工会"爱心驿家"742个，覆盖全市15个区（县、市）和产业工会，服务户外劳动者763万人次。

@ **安徽省总工会**：要求县级以上地方工会和基层窗口单位，依托工会困难职工帮扶中心（站、点）和沿街"窗口"单位，建立站点；各级工会帮扶（服务）中心等工会阵地要带头建设、打造品牌，争当示范驿站，全省每个县（区）至少有一个设施完备、功能齐全、服务周到的"幸福驿站"示范典型。

@ **山东省总工会**：户外劳动者驿站建设，应遵循"工

会主导，多方共建；突出应用，综合规划；建管结合，规
范服务"的基本原则建设。实施工会主导，多方共建。户
外劳动者驿站应在工会指导下，按照统一的目标、功能定
位，经过充分沟通协商，以工会自建、工企联建等多种形
式，广泛依托政务大厅、金融机构网点、物流快递网点、
环卫场站、通信营业厅、商场超市、餐饮住宿企业、医
院、加油站、重点工程建设工地等单位场所挂牌设立服务
站点。特别是，要求具备条件的各级工会职工服务中心、
工人文化宫等工会阵地做到应建尽建。站点密度上，充分
考虑城市道路状况，城区站点间隔小于 1 千米；户外劳动
者密集且服务需求较大区域的站点间隔小于 0.5 千米。辖
区内 90% 以上站点基本达到规范标准。

@ **甘肃省总工会**：在制定的《工会户外劳动者服务站
点规范化建设工作方案 2020—2022 年》中要求，驿站建
设遵循少投入、好管理、易复制、可持续的工作原则，撬
动整合社会资源，充分挖掘工会自由资源建立。对于采取
自建的，充分利用工人文化宫、工会困难职工帮扶中心
（职工服务中心）、帮扶（服务）工作站（点）等已有的各
类工会服务阵地设立。

2. 多方力量

@ 黑龙江省总工会：要求按照"党委领导、政府支持、工会倡导、社会协同、公众参与、共建共享、普惠务实、制度保障"的工作思路，做到少投入、好管理、易复制、可持续，以充分利用现有社会资源建设的站点为主要对象，推动实现站点服务各尽所能、灵活便利、精准服务。

@ 重庆市总工会：2020 年制定了《关于规范工会户外劳动者服务站点建设的实施意见》，明确站点主要由基层工会负责日常管理，也可采取共建单位负责管理、工会购买服务、服务对象自主管理等多种形式。建立分级管理制度，市总工会、区县总工会和站点各负其责。市总工会统筹规划，区县总工会具体组织实施。每个站点应确定管理人员或团队，保障站点安全、有序运行。

同年，重庆市总工会又会同市城市管理局印发了《重庆市"劳动者港湾"建设实施方案》，利用建设"劳动者港湾"的契机，着力推动工会户外劳动者服务站点和劳动者港湾的共建共享。站点建设方式分为共建和自建两种方式，突出共建共享。特别对共建作出明确规定，即由县级及以上工会组织与政府、社会组织（公益组织、基金会等）、爱心企事业单位及人士共同建设、运营、管理。共建方式包括但不限于以下形式：依托政务大厅、金融企业网点、物流快递网点、环卫场站、通信企业营业厅、商场超市、餐饮住宿企业、医院、加油站、重点工程建设工地等单位场所挂牌设立；利用工会职工服务中心（困难职工帮扶中心）、服务（帮扶）工作站（点）及已有的各类工会服务站点等与其他单位（组织、个人）合作设立。

@ 云南省总工会：积极整合社会各方资源，不仅依托职工服务中心等自有阵地开展驿站建设，还积极与相关部门（单位）协调沟通，在城市户外劳动者相对集中、临街道路的现有房屋、工作场所、休息室建设职工驿站，节约建设成本的同时，方便户外劳动者在较短时间内到达驿站点。

同时，加强工会与企业合作共建力度，在银行、超市、酒店、环卫站点、汽车客运站等人口流动大的地方建设职工驿站，充分发挥企业工作人员多、服务质量高的优势，带动职工驿站正规管理、精准服务。省总工会与中国建设银行云南省分行签订框架合作协议，在全省范围内共同建设"工会户外劳动者服务站点·职工驿站·劳动者港湾"，实现优势互补、资源共享。

　　@ **甘肃省总工会：** 在制定的《工会户外劳动者服务站点规范化建设工作方案 2020—2022 年》中鼓励驿站采取共建和自建两种方式，突出共建共享。采取共建的，要积极与政府有关部门、社会组织、爱心企事业单位及人士联系沟通，利用政务大厅、金融企业营业网点、商场超市零售门店、环卫场站、物流快递网点、酒店、饭店、医院、加油站、邮政和通信企业营业厅等现有社会资源，共同建设、共同运营、共同管理。

第四部分

标识规格篇

《指导意见》：站点统一标识，格式为"工会户外劳动者服务站点·×××"，可使用工会会徽。标识可体现站点（地方）特色，内容及颜色应保持严肃性。标识设计及使用应报省级工会同意，以省级工会为单位报全国总工会备案。已有标识的各类站点，应根据实际情况，对符合条件的，采取更新或加挂等方式逐步规范统一。共建站点应实现标识互挂互认。标识可采取标牌或其他适当形式，一般应在室外醒目位置予以明示。标识（标牌）规格大小可根据各地实际由县级及以上工会统一制作。

站点标识不统一在建设过程中成为比较普遍的问题。各地站点名称不同，有的叫户外劳动者服务站点，有的叫暖心驿站、幸福驿站、爱心驿站、户外职工爱心接力站等等。统一的标识不仅体现了工作的规范性，也有助于将这项工作打造成为工会工作品牌，为广大职工群众所熟知。对此，在全国总工会的倡导下，一些站点在建设中进行了有益探索，比如，中国建设银行的"工会户外劳动者站点·劳动者港湾"，是全国总工会首个正式挂牌的工会户外劳动者服务站点共建品牌。

▶**解读**

针对各地标识不同的情况，全国总工会在《关于进一步规范和做好工会户外劳动者服务站点建设工作的通知》中要求，互认标示应符合全国总工会有关规定，并统一采取"工会户外劳动者服务站点·×××"的格式。这一做法有利于推动规范化运作，形成集群效应，打造属于工会系统的独特品牌。

▶**案例**

1. 统一标识

@ 天津市总工会：制定的《关于规范工会户外劳动者服务站点工作的实施意见》中明确，按照全国总工会要求，统一标识，格式为"工会户外劳动者服务站·×××（合作方项目名称）"，由各区总工会统一制作，并在醒目位置悬挂。已有标识的站点，要采取更新或加挂等方式实现规范统一。

工会户外劳动者服务站·XXX

@**辽宁省总工会**：要求站点统一标识名称，格式为"工会户外劳动者服务站点·×××"，可使用工会会徽。标识内容和会徽的使用应符合全国总工会有关规定，可参考《中华全国总工会办公厅关于统一和规范工会资产服务阵地标识的通知》和《中华全国总工会办公厅印发〈关于中国工会会徽制作使用的若干规定〉的通知》相关规定。

标识可体现站点（地方）特色，内容及颜色应保持严肃性。标识设计及使用应报省总工会权益保障部同意，省总工会报全国总工会备案。已有标识的各类站点，应根据实际情况，对符合条件的，采取更新或加挂等方式逐步规范统一，共建站点应实现标识互挂互认。

标识可采取标牌或其他适当形式，一般应在室外醒目位置予以明示。标识（标牌）规格大小可根据各地实际由县级及以上工会统一制作。

@**吉林省总工会**：要求各站点有统一的标识名称。服务站点要统一悬挂标牌或张贴标识。服务站点统一名称为"工会户外劳动者服务站点"。标牌的设计由省总工会统一确定，分两种格式：自建标牌、共建标牌。标识的设计由省总工会统一确定，各站点根据实际情况可以横向或竖向，在室外醒目位置予以张贴明示。

对于已有标牌或标识的各类服务站点，一次性更换统一标牌或标识。共建服务站点应实现标牌或标识互挂互认。

具体要求——规格为长方形标牌，亚光弧面折边，尺寸为 60cm（长）× 40cm（宽）；材质为钛金质料红色字，字体格式为凹字，工艺为浅腐；会徽样式为会徽居中，会徽底色为红色，艺术字造型及外圆线为金黄色，颜色标准为：红色（C0、M100、Y100、K10）；金黄色（C0、M10、Y100、K0）。同时，工会户外劳动者服务站点的字体和样式为省总工会统一题写字体；地方总工会和共建单位名称样式，要将字体设置为大标宋体，地方总工会和共建单位名称居中。

自建服务站点：

共建服务站点：

@ 黑龙江省总工会：要求站点统一标识格式为"工会户外劳动者服务站点·×××"。标识要符合全总有关规定，工会会徽应在标识上部居中，标识内容由会徽与工会户外劳动者服务站点中文专用字体及站点名称按比例关系、空间关系组合而成。会徽按照《中华全国总工会办公厅印发〈关于中国工会会徽制作使用的若干规定〉的通知》相关规定使用，站点中文专用字体按照《中华全国总工会办公厅关于统一和规范工会资产服务阵地标识的通知》相关规定使用魏碑简体。站点名称可体现站点（地方）特色。标识内容及颜色应保持严肃性。

（注：借鉴云南省总工会标牌）

@ 衢州市总工会：要求"劳动者港湾"有统一的标识。在点位醒目位置悬挂带有统一标识"劳动者港湾"标牌，便于户外劳动者识别，标识由各申报单位参照样式自行制作、悬挂。

@ 山东省总工会：2019 年印发的《关于进一步规范和

推进户外劳动者服务站点建设的通知》中要求，全省各级工会建设命名的各类户外劳动者服务站点，包括"爱心驿站""职工驿站""劳动者港湾""户外职工驿站"等，统一名称为"户外劳动者驿站"。

2020 年，山东省总工会进一步规范牌匾标识，将授牌和标识的主体文字内容逐步调整为全总统一规定的"工会户外劳动者服务站点·×××"，过渡期为两年。此外，站点外部要在醒目位置标示服务内容、开放时间等信息。

山东省总工会

@ **河南省总工会**："爱心驿站"建设要有统一标识。在驿站外部醒目位置悬挂带有工会标识的标牌，便于户外劳动者识别。

@ 四川省总工会：要求站点统一标识，格式为"工会户外劳动者服务站点·×××"，可使用工会会徽。标识内容和会徽的使用应符合《中华全国总工会办公厅关于统一和规范工会资产服务阵地标识的通知》和《中华全国总工会办公厅印发〈关于中国工会会徽制作使用的若干规定〉的通知》等相关规定。

标识模板应按照省总工会统一模板标准进行设计，内容及颜色应保持严肃性。已有标识的各类站点，应进行排查清理，对符合"六有"标准的，在 2021 年前采取更新或加挂等方式逐步规范统一。共建站点应实现标识互挂互认。

　　标识可采取标牌或其他适当形式，应在室外醒目位置予以明示。标识（标牌）规格大小可根据各地实际由县级以上工会或共建单位统一制作。

　　工会户外劳动者服务站点标识标牌式样（尺寸：300mm×500mm）。工会会徽须按中华全国总工会规定的标准制作。会徽为圆形，直径为20A(A 为长度单位)的会徽，"中""工"两字笔画宽度为1.4A，两字外圆线宽度为0.3A，"工"字与"中"字之间、"中"字与外圆之间的间距为1.25A，"工"字上下半圆形之间的间距为1.5A。会徽底色为红色，艺术字造型及外圆线为金黄色，颜色标准为：红色 (C0、M100、Y100、K10)；金黄色 (C0、M10、Y100、K0)。在实际应用中，可根据不同场合需要按规定确定尺寸，但不得改变颜色、比例关系。

2. 个性化名称

@ 河北省总工会：2019 年，河北省金融和服务业工会制定指导意见，在交通便利、条件较成熟有建设意愿的金融和服务行业公共服务场所大力推进职工"歇歇吧"建设，按照循序渐进、分类指导、成熟一批发展一批的原则，实现有需求和有条件的单位挂牌服务，共享资源。选址在临街靠路，便于服务一线劳动者，且为正规公共服务场所，安全舒适，具有一定面积。同时由省金融和服务业工会统一设计制作标识，在醒目位置悬挂，便于职工识别。为劳动者提供歇脚、喝水、热饭、手机充电、如厕等服务功能，有条件的可以提供其他职工需求的健康安全的服务功能。

@ **上海市总工会**：上海市总工会、上海市绿化和市容管理局会同各区政府及相关单位，在已建"户外职工驿站"和"关爱环卫工人爱心接力站"的基础上，继续推动社会资源共建共享，设立爱心接力站。自 2018 年起，连续三年被列为上海市政府实事项目。目前，上海市社会单位申报创设户外劳动者服务站点（爱心接力站）共计 1326 个。这其中包括了市绿化市容行业工会联合市交通委工会设立的巴士公交和浦东公交站点 443 座、中石化加油站 250 座、肯德基 169 家、兴业银行 80 家等，形成了社会各层面争先恐后为户外劳动者献爱心的良好局面。

@ **安徽省总工会**：统一名称为"幸福驿站"。此前已经建成的站点，仍延续"爱心驿站""户外劳动者歇脚点"等名称。

@ **焦作市总工会**：爱心驿站名称规范为"（单位）+户外劳动者爱心驿站"或"地名 + 功能 + 户外劳动者爱心驿站"。

@ **湖南省总工会**：2016 年以来，湖南省各级工会扎实推进户外劳动者服务站点建设，推出"爱心驿站""建宁驿站""工惠驿家"等一批站点品牌。同时，还与建设银

行合作共建"劳动者港湾",将进一步扩大站点服务范围,提升站点服务效能。截至 2019 年,湖南省已建立各类户外劳动者服务站点 1600 余个;建设银行湖南省分行已开放"劳动者港湾"539 个,线下累计服务客户约 350 万人次,线上"劳动者港湾"App 用户超过 15.4 万个。

@ 成都市总工会:创新建立了"15 分钟之家",这是延伸工会服务职能、服务方式和机制的一大创新。

第五部分

建设标准篇

《指导意见》：站点建设遵循"六有"标准：有统一的标识名称、有合理的站点布局、有健全的服务设施、有完善的服务功能、有规范的管理制度、有地图可查。

环卫工、快递员、交警等户外劳动者的工作环境、工作状态有一定特殊性，他们在大街小巷来往穿梭，需要为他们提供的服务也有别于其他劳动群体。因此，各地在户外劳动者服务站点建设的探索过程中，往往根据实际情况对其进行布局，建设前对建设地点、辐射范围、覆盖人群等进行考察评估；站点密度也考虑到城市道路情况和户外劳动者工作区域，一些地方还设置了流动站点。

在调研过程中发现，各地建设标准基本一致，但细节上由于各地区情况不同，规定也不尽相同。比如站点面积，小到4平方米，大到20多平方米，差距较大。

▶ 解读

站点建设应当尽量选择沿街靠巷，地理位置优越、人口密度大的地方，方便户外劳动者在短时间内享受到服务。全国总工会要求，站点应有相对固定运行面积，配备基础设施，包含但不限于：饮水设备、微波炉、桌椅、电风扇（空调）、医药箱、多功能电源插座等，应正常通水通电。有条件的站点可拓展服务功能，配备厕所、冰箱、储物柜、维修工具箱、电视机、无线网络（Wi-Fi）、工会报刊书籍、充电充气工具等。制定建设标准，规范化运作，有助于促进站点规范建设和服务能力水平提升，为打造统一品牌形象奠定基础。

▶ 案例

1. 务实版

@ 天津市总工会：要求站点建设前，各区总工会应就站点选址广泛征求环卫工人、快递员等服务对象意见或建议，地址尽量选在党群服务中心等方便进出的公共区域或者离户外劳动者聚集地较近的区域，确保布局合理，户外人员使用方便。

2020年，天津市总工会又印发了《关于开展2020年工会户外劳动者服务站建设的通知》，要求疫情期间应配备口罩、酒精、消毒棉片等防疫物品。

@ 河北省总工会：要求环卫职工工间休息室应科学选

点设立，在环卫职工相对集中的主城区进行科学规划、合理选址，尽量临街靠路、标示鲜明，确保环卫职工能在较短时间内到达休息室，以满足环卫职工的需求。同时，环卫职工工间休息室一般应单独设置，也可根据各市实际情况与其他环卫设施合建，休息室的面积和设置数量宜以作业区域的大小和环卫职工的数量综合考量计算，室内面积一般不得小于 20 平方米，保证通水通电。休息室样式、建设标准由省环卫职工工间休息室建设领导小组依照有利于资源循环利用和环境保护进行设计、制定，全省统一。休息室应采用节能、节水、节地、节材的技术、工艺、设备和建筑装修材料。

河北省户外劳动者驿站（环卫职工工间休息室）建设标准

序号	项目		规格型号	单位	数量
1	休息室面积 10—20 平方米	外墙体、屋面及墙体保温	依照本地城市建设风格，采用保温、隔热、防潮、防水、抗碰撞、不老化、高阻燃建材或其他新型建材		
2		骨架	钢结构		
3		内墙面、顶棚	铝塑板、细木工板		
4		吊顶	铝天花板		

续　表

序号	项目		规格型号	单位	数量
5		地　面	80cm×80cm 瓷砖		
6		防盗门	金属		
7		断桥铝窗	铝材、中空玻璃		
8		防盗网	不锈钢管		
9		照明线路及灯具	LED 灯具，电源插座		
10		桌　子		张	1
11		椅　子		把	12
12		空　调	冷暖、功率与房屋面积匹配	台	1
13	室内设施	更衣柜		个	1
14		衣　架		个	1
15		饮水机		台	1
16		微波炉		台	1
17		窗　帘		套	1
18		应急医药箱	需配备常用药物	个	1

@江苏省总工会：提出"十个有"的标准，即：有醒目标牌、有可供休息喝水的桌椅、有饮水机、有纸杯、有应急药箱、有降温取暖器、有微波炉、有书报刊、有工具

箱、有联系人。

@安徽省总工会： 在 2016 年就提出，各地创建户外劳动者"幸福驿站"，要充分整合资源，配置饮水机、微波炉、应急医药箱及桌椅等基本器具，开放卫生间或新设卫生设施，开放服务大厅或简易接待室、门卫室，制定使用管理制度，明确管理人员及其职责，重点解决好户外劳动者饮水、就餐（食品加热）、如厕和休息等实际问题。"幸福驿站"站点要在户外劳动者相对集中的城区进行科学规划、合理选址布点，注意临街靠路、标识醒目，确保户外劳动者能在较短时间内到达服务站点。已建的环卫工人"爱心驿站""户外劳动者歇脚点"要不断拓宽服务对象和项目，丰富服务内容，免费为户外劳动者提供哺乳室、图书阅览、手机充电等服务。

@ 山东省总工会： 一是对基础设施进行规范。规定每个站点硬件设施包含但不限于桌子、椅子、书报架（柜）、饮水设备、微波炉、医药箱、电风扇（空调）、多功能电源插座、充电充气工具等；一般应单独建有卫生间或所在楼宇内有卫生间。站点实际使用面积应在 12 平方米以上。二是对人员配备进行规范。每个站点配备一名一线行政管理人员为站长，3 人以上服务人员或志愿者。三是对自我管理进行规范。规定站内应设置日常管理规定、服务公约、服务流程、安全须知等规章制度和"加入工会的十大好处"宣传图。站长每月对站点卫生管理、日常消耗品补充、设施设备完好情况进行全面检查,并有相关检查和整改记录;站点服务人员、志愿者及时引导户外劳动者扫描专用二维码签到,并进行满意度评价。

@ **重庆市总工会**:建设场地方面,要求广泛动员企事业单位、机关、社会组织等机构提供必要的场地和设施,依托基层职工服务阵地、学校、银行、医院、酒店、连锁超市等临街场所作为建设点,按照工会自建、合作打造、指导建设等方式,本着有利于户外劳动者工作、生活的原则,在户外劳动者相对集中的城区进行科学规划、合理选址,尽量临街靠路,确保户外劳动者能在较短的时间内到达服务站点。按照节约资源、方便职工、一室多用的原则,把现有场所作为建设点的首选,因地制宜建设服务站点。建设面积大小视场所建设具体情况而定,原则上要求在 10 平方米以上。

@ **西安市总工会**:要求驿站建设达到"八有"基本标准,即:有宽敞的室内场地(最少 10 平方米以上)、有醒目标示标牌和服务管理规定(此两项按照市总的统一设计）、有桌凳和柜子、有卫生间、有基本电器（空调或电风扇、取暖器、热水器或烧水壶或保温桶、冰箱或冰柜、微波炉、手机充电站或插排）、有两箱（应急医药箱、小修工具箱）、有报刊书籍、有人管理，能为需求者提供"冷可取暖、热可纳凉、渴可喝水、急可如厕、累可歇脚、伤可用药"功能较为完善的工会爱心驿站。

同时，服务点因地制宜，可常态化和季节性结合建设，一般建在企事业单位、商家、便民中心等临街人流量较大位置，达到"五有"基本标准，即有醒目标示标牌和服务管理规定（此两项按照市总的统一设计）、有专用服务桌凳、有基本电器（热水器或烧水壶或保温桶、冰箱或冰柜、微波炉、手机充电站或插排）、有两箱（应急医药箱、小修工具箱）、有人管理，能为需求者提供"渴可喝水、累可歇脚、伤可用药、充电小修"便民应急的工会爱心服务点。

@ 固原市总工会：2019 年制定了《固原市推进工会户外劳动者服务站点暨"一站三家"建设实施方案》规定，建设户外劳动者服务站点，按照"15 分钟服务圈"和全覆盖的基本要求，各县（区）及相关单位要根据实际需求和优化布局、合理选址的要求，通过站、点结合建设方式，改造提升城区现有站点、新建一批站点。

2.升级版

@ 上海市总工会：2020 年，上海市总工会从现有的全市"户外职工爱心接力站"中挑选 300 家站点进行升级。在解决户外职工们最基本的饮水、休息问题的基础上，充分运用他们在站点的休息时间，进一步扩大"户外职工爱心接力站"的职能，关注户外职工的身体健康和业余生活。

升级服务包括三方面：

健康服务类：为升级站点添置空气净化器、爱心医药包、电子血压计等设备，以提升户外劳动者休息环境的空气质量，应对高温、严寒天气工作环境中所可能出现的紧急情况。

日常需求类：为升级站点添置共享爱心雨伞、手机充电宝；免费提供下载视频或听书、广播、歌曲会员账号，以满足户外劳动者在闲暇之余的放松休闲需求及应急服务。

政策服务类：将上海市总工会的官方微信"申工社"、微信小程序"会聘上海""会缘"等展示于升级站点，提供线上的就业、心理、法律、婚恋、帮扶等政策咨询服务，为户外劳动者增添一条解决问题、缓解压力、寻找幸福的有效途径。

@ **山东省总工会**：2019 年制定的《工会户外劳动者驿站管理办法（试行）》要求，开发"全省工会户外劳动者驿站管理系统"，设立省、市、县三级管理权限。户外劳动者可下载"齐鲁工惠"手机 App，通过阵地导航，享受驿站提供的服务。驿站启用前，由站长在管理系统首页点击"驿站申请"选项，按制式表格要求填写申请信息，提出启用申请。组织驿站建设的县级工会应在 5 个工作日内到驿站现场进行初审，并按照编码规则赋予识别编码，填写系统信息，提交市级总工会审批。市级总工会批准后，完成入网，识别编码正式生效。再由站长使用识别编码及默认密码登录管理系统，打印专用二维码，张贴于驿站服务区明显位置。

@ **四川省总工会**：设置地图查询功能。省总统筹掌握区域内站点建设布局情况，在四川省工会网上工作平台二期建设进一步完善工会地图相关功能。功能完善后，省总通知各市（州）总工会将户外劳动者服务站点位置、外观图片、可提供服务等信息及时录入掌上川工 App 的工会地图版块，形成站点布局电子地图，以便于户外劳动者通过手机等设备进行查找。站点信息发生变化时，各市（州）总工会应及时在工会地图上更新。

@ 重庆市总工会：站点建立了工会宣传工作平台，把组织入会、宣传教育、维权帮扶和服务等工会工作纳入站点建设，使之成为工会组织、宣传和教育的阵地，树立工会形象、彰显工会作为的窗口，全社会奉献爱心、传递正能量的纽带和桥梁。同时，设置了地图查询功能，利用百度地图、高德地图等互联网查询工具公开发布，形成站点布局电子地图。运行中的站点位置、外观图片、可提供服务等信息应及时上传，以便于户外劳动者通过手机等设备进行查找。站点信息发生变化时，及时在电子地图上做出修改。

第六部分

资产运行篇

《指导意见》:

（一）日常运行管理。

省级、市（县、区）级工会和站点各负其责。省级工会统筹规划，市（县、区）级工会具体组织实施。每个站点应确定管理人或团队，保障站点安全、有序运行。

运行管理可采取自行管理、共建单位负责管理、工会购买服务、服务对象自主管理等多种形式。

（二）固定资产管理。

共建站点固定资产可按共建方内部标准管理，但须接受工会监督指导。

自建站点应按照全国总工会《工会固定资产管理办法》（总工办发〔2002〕30号）和《全国总工会财务部〈关于确定工会行政性固定资产单位价值标准〉的复函》（工财函〔2016〕12号）精神，确定固定资产范围，明确产权关系，落实具体管理单位和人员，建立健全站点固定资产管理制度，加强管理，确保站点固定资产安全和完整，自觉接受工会审计与监督。

（三）资金的募集、使用和管理。

可多渠道、多形式募集相关资金。各地应积极向同级党委、政府报告，争取财政支持。有条件的地区，可接受企事业、社会团体和爱心人士等合法捐赠。省级工会可在全国总工会回拨经费等转移性支出中安排站点工作相关支出。资金可用于站点建设、运营、管理、宣传、监督、考核、评估等方面，按工会专项经费管理，可纳入年度预算统筹考虑。

伴随各地户外劳动者服务站点的蓬勃发展，如何更好地管理站点资产，以及如何更好地使用建设资金，成为亟须各级工会重视的一项现实课题。针对各地自建与共建并存的情况，资金来源不同，资产管理和资金使用也需区别对待，分类要求。

▶ 解读

针对自建站点，应严格按照全国总工会2002年制定下发的《工会固定资产管理办法》（以下简称《办法》）和2016年下发的《全国总工会财务部〈关于确定工会行政性固定资产单位价值标准〉的复函》执行。特别是《办法》用了五章三十八条的篇幅，对工会固定资产管理进行了规范，以维护工会资产的安全与完整，提高固定资产的使用效益。针对共建站点，则可按照共建单位的资产管理标准执行，并接受工会监督指导。

要为户外劳动者建立覆盖范围更广、功能更丰富的服务站点，仅靠工会是无法实现的，需要来自各方的共同努力。因此，吸纳社会爱心资金成为站点建设资金的一个重要来源。积极与其他单位兴建、举办的服务户外劳动者相关项目开展合作，既有助于放大社会效应，争取更多社会支持，也有助于推动站点建设和运行更加科学规范。

需要注意的是，资金来源和使用需要有两条不可逾越的底线：合法捐赠和全部用于站点建设。

▶ **案例**

1. 资金来源使用

@ 天津市总工会：明确市总工会对站点建设和运行维护给予资金支持，不足部分由各区总工会和相关局集团公司工会自行解决。资金可用于站点建设、运营、宣传、耗材购置等方面，按工会专项经费管理，专款专用。

@ 河北省总工会：2017年全省新建的200座环卫职工工间休息室建设资金，由各市环卫主管部门根据分配名额申请财政资金或自行筹措资金解决，省总给予达到建设标准的休息室每座 2 万元建设补助资金，共 400 万元，各市总工会应配套相应的资金支持。2018 年，河北省总工会延续上一年度的支持力度，推动再建 200 座休息室，省总给予达到建设标准的休息室每座 2 万元建设补助资金，共 400 万元，各市总工会应配套相应的资金支持。

@ **黑龙江省总工会**：要求各地工会积极向同级党委、政府报告，争取财政资金支持。有条件的地方，可多渠道、多形式筹集资金满足站点建设和运营需求。年初要编制站点建设预算，资金使用要接受同级工会财务、审计、纪检监督。

站点建设资金主要用于站点的建设、运营、管理、宣传、监督、考核、评估等工作，本着"谁使用谁负责"的原则分别由市（地）、县（区）、行业（企业）工会组织实施。如房屋建设、内部装修、装饰装潢，标牌标识设计制作，配备相应基础设施的费用；日常运营发生的硬件维护费用；聘请第三方组织或单位开展监督、考核、评估发生的费用；站点地图上线运营维护费用等。但必须认真执行相关财务管理规定，依法依规开展站点建设工作。

@ **河南省总工会**：2019 年制定了《工会"爱心驿站

建设实施方案》，要求加强驿站的资金管理。如省总工会对 2019 年验收合格的"爱心驿站"建设资金和日常运行费用进行补贴。经省总验收确定各市达标的驿站数量后，各省辖市总工会根据"爱心驿站"建设经费支出明细账和日常运行中设备物品的维护修理、消耗品补充添置、水电运行成本、宣传推广驿站活动的成本等费用进行核算，并向省总提出补助申请，省总工会根据专项资金管理有关规定，以省辖市为单位对全省"爱心驿站"建设、运行费用进行补贴，每个"爱心驿站"的建设费、日常运行费补贴不超过 10000 元。

@ **陕西省总工会**：2018 年起实施投入资金。如 2018 年试点建设阶段，省总工会在本级经费中预算列支 600 万元，作为建设补助资金，主要用于必要设施的配备和标识的制作，在各县（区）建立一批示范站，探索适应本地区特点的建设方式和建设样板。要求各县（区）完成驿站站址的选择，建成并投入使用的驿站不少于 3 家。在全面推进阶段，结合城市提升改建，全面推进驿站建设。市、县住建部门要将驿站建设资金列入当地城市建设预算。省总工会在经费中列支 600 万元，用于驿站设施配备补助，市、县（区）工会要积极争取地方财政支持或将驿站设施配备资金列入年度工作经费预算，全面推进驿站建设。达到户外职工密集的街区、开发区、工业园区和主城区全覆盖，基本形成驿站服务网。

2. 运行及管理

@ 浙江省建设建材工会：对站点实行动态管理——对已建环卫工人"爱心休息点"因房屋拆迁、道路改造、企业关停等原因不能继续使用的，要及时在台账中注销，并摘除环卫工人"爱心休息点"牌匾，告知服务范围内的环卫工人；对管理制度缺失，影响正常使用的，要落实管理责任，确保正常运行；对其他原因造成不能正常使用的，要采取切实有效的措施整改到位。

@ 四川省总工会：对于共建站点，根据四川省总工会与中国邮政集团有限公司四川省分公司、中国邮政储蓄银行股份有限公司四川省分行联合印发的《关于加强工会户外劳动者服务站点建设的通知》要求，共建站点的日常运行及管理由邮政、邮储银行负责。一是要在站点安排专人负责日常管理及维护，并将站点管理制度和服务内容上墙公示；二是要整齐摆放设施设备、保持清洁，营造一个相对集中、规范有序的站点小环境；三是要及时补充物资，确保站点内的物品完整好用，保障站点正常运行；四是要每月收集报送信件，将工会信箱中的信件向驻地所属工会进行集中报送，驻地所属工会要安排专人负责，通过信件了解户外劳动者的需求或建议，视情给予答复。

@ 西安市总工会：建立了固定资产登记管理监督制度。即各区县、开发区工会按照全国总工会《工会固定资产管理办法》和《全国总工会财务部〈关于确定工会行政性固定资产单位价值标准〉的复函》精神，确定固定资产范围（一是使用年限在一年以上、单价在 1000 元以上一般设备，如大型家具等；二是单价 1500 元以上专用设备，如空调、冰箱等；三是单位价值虽不足规定标准，但使用时间在一年以上的大批同类物资，如图书等），明晰产权关系，落实具体管理单位和人员，建立健全有关购置、验收、配发、移交、调拨、核销等驿站专项固定资产管理规定，加强管理，按时进行对账和清查盘点，充分发挥其效能，确保固定资产的安全和完整，自觉接受工会审计和监督。

@ 新疆维吾尔自治区总工会：在日常运行管理中，站点按照"谁使用谁管理"的原则，使用部门应建立日常维护制度，明确责任人及服务人员，确保用电、用水、室内卫生、设施设备完好正常使用，保证为户外劳动者提供有效服务。对于固定资产管理，共建站点固定资产可按共建方内部标准管理，但必须接受工会监督指导。自建点应按照全国总工会相关固定资产管理办法，确定固定资产范围，明确产权关系，落实具体管理单位和人员，建立健全站点固定资产管理制度，加强管理，确保站点固定资产安全和完整，自觉接受工会审计监督。此外，资金的募集、使用和管理要实现多渠道、多形式募集相关资金，各级工会应积极向同级党委、政府报告，争取财政支持也可以接受企事业、社会团体和爱心人士等合法捐赠。

第七部分

制度规范篇

《指导意见》：站点应制定日常管理规定、服务流程、安全须知等规章制度，并在站点内明示。逐步建立健全其他相关管理制度和退出机制。

全国总工会在针对户外劳动者服务站点建设情况进行的调研中注意到，站点建设工作蓬勃开展的地方都有一个共同特点——形成了党政工齐抓、各级工会自上而下推进、社会力量积极参与的态势，特别是出台了规范的制度性文件，对这项工作的指导思想、目标任务、建设原则、实施步骤等提出了明确要求，健全了站点规划、建设、维护、资金支持、监督、评估考核、激励奖惩等相关工作机制。

▶解读

户外劳动者服务站点建设需要人力、物力、财力等方面的支持，而管理制度是站点健康运行、持续开展的重要保证，是实施规范管理、提升建设水平的依据。因此，通过制定实施意见、工作方案、下发通知等方式，明确工作安排和工作要求，既有助于推动这项"暖心工程"落实到位，也通过建立健全站点负责人制度，完善人、财、物等方面责任清单，制定审计、监督制度，及时解决站点建设、运行、维护中出现的廉政风险，确保站点建设健康持续推进。

▶ 案例

1. 制度建设

@ 北京市总工会：先后于 2016 年和 2018 年制定《关于户外劳动者服务站点建设的工作方案》和《关于深入推进职工之家建设工作的意见》，将职工暖心驿站作为职工之家服务功能的延伸，明确要持续打造广泛覆盖的职工暖心驿站。按照"创新、协调、绿色、开放、共享"的发展理念，以职工需求为导向，依托三级服务体系工作平台，不断拓展和丰富服务项目，让户外劳动者感受到工会组织的关怀和温暖。

@ 河北省金融和服务业工会：于 2019 年制定《职工"歇歇吧"建设指导意见》，明确为保证职工"歇歇吧"建设、管理和服务质量，成立由河北省金融和服务业工会、各市金融和服务业工会、相关社会组织组成的职工"歇歇吧"建设推进小组，负责全省金融和服务业职工"歇歇吧"的建设推进和管理监督。此外，建设职工"歇歇吧"

的基层单位向省市金融和服务业工会提出挂牌申请。建设推进小组进行审核，符合标准的同意挂牌。各级金融和服务业工会对本级"歇歇吧"网点的硬件和服务应及时督查，发现问题，及时提出，对普遍性的问题应集中整改。服务不合格或关停拆迁的，要及时摘牌和复挂。每年 12 月份各地市统计本级的"歇歇吧"建设数量。

@ 山东省总工会：2019 年制定的《工会户外劳动者驿站管理办法（试行）》，要求对全省工会户外劳动者驿站加强规范化建设，订立服务公约，实行站长负责制，编制专用识别编码。

@ 四川省总工会：要求站点的管理运行监督制度、管理责任人和监督责任人信息标牌必须悬挂在站点醒目位置，便于户外劳动者知晓和上级部门的检查监督。

@ 成都市总工会：设计了统一的站点标识（LOGO），制定《成都市"15 分钟之家"建设管理暂行办法》，完善工作程序，确保站点设立规范合理、服务正常有序。健全监督机制，将"15 分钟之家"的建设与正常运行纳入对站点所在企（事）业单位工会的考核，加强对站点的监督指导；实行区（市）县总工会、街道（社区）工会不定期巡查抽查、交叉检查等制度；同时，将挂牌的站点名册分别

在《成都商报》、成都市总工会门户网站、成都工会综合
信息系统等新闻媒体和网络平台进行了公布，让社会广泛
知晓，共同监督，确保"15分钟之家"站点建设与运行管
理规范化、制度化。

2. 工作职责

@ 吉林省总工会：在《工会户外劳动者服务站点管理
制度》中，明确了站点管理责任人的职责，即按照"六个
一"标准，整齐摆放设施设备、清洁场地卫生，努力营造
一个相对集中、规范有序的站点小环境；确保站点设施设
备的正常运行，及时补充消耗物资，及时维修损坏的设施
设备，确保能够持续为广大户外劳动者提供高质量服务；
热情接待户外劳动者，耐心提供服务。

同时，站点监督责任人的职责是，要定期对站点运行
情况、卫生状况、设备完好情况、安全状况等进行检查并
做好记录；不定期对站点进行抽查，发现问题并监督整改；
及时受理服务对象对站点服务情况的反映，督促管理责任
人进行整改。

@ 上海市总工会：要求在"户外职工爱心接力站"中
健全组织、规范管理。各区、局（产业）工会和相关单位

要强化组织管理，明确分管领导和责任部门；要加强沟通协作，指导帮助站点落实场地、人员、资金等工作；要健全日常管理制度，明确职责，规范管理，形成常态、长效工作机制；要加强对站长等相关人员的培训，提高服务意识和服务质量，做到热情接待、热心服务。各区总工会要协调区职工服务中心，配合市职工援助服务中心承担本区所有站点的检查考评等工作。

@ 杭州市总工会：对站点的服务承诺作出了明文规定。包括：

倡导"奉献、友爱、互助、进步"的志愿者精神，以服务社会为己任，努力做好"爱心驿家"的志愿服务工作。

严于律己、严格履职，统一佩戴志愿者标识，认真做好服务人员登记工作。

热情欢迎户外劳动者在工作期间到爱心驿家休息。

充分尊重户外劳动者，尽心做到迎一张笑脸、递一杯热水、让一张座椅、送一句问候，让他们感受到关心和关爱。

主动地为户外劳动者提供热（冷）水、热饭和休息座椅等各类免费服务。

在力所能及的范围内，提供更多暖心服务：血压测量、应急药品提供、无线网络使用、报纸杂志阅读等。

不以驿家为名，开展任何形式的商业营利性活动。

@ 河南省总工会：要求"爱心驿站"由各建设单位负责日常管理，各级工会协助管理。驿站外部悬挂信息牌，注明本站的服务内容、开放时间、管理人员姓名、电话等内容，确保驿站每天开放时间不低于 8 小时。驿站内服务区悬挂管理、值班等具体制度。同时，管理人员应对每天服务人数、物品消耗等情况进行记录，每月向市总上报一次，各省辖市总工会每季度向省总上报一次；驿站工作接受服务对象、工会组织和社会各界的监督与投诉。

第八部分

考核评价篇

《指导意见》：各地应建立站点工作评价机制。可采取随机抽查、第三方评估、暗访等方式，对站点建设运行管理进行评价。县级及以上工会可结合当地实际确定相关标准，制定站点考核评分体系。省级工会每年应对各地站点工作进行考核、监督。全国总工会对各地站点工作进行指导。

2019 年 4 月，全国总工会为中国建设银行"户外劳动者服务站点·劳动者港湾"授牌，"劳动者港湾"成为全国首个挂牌的户外劳动者服务站点共建品牌。与此同时，金融行业推进服务资源开放共享工作正式启动。全国总工会在调研中发现，类似的户外劳动者服务站点受到各地积极响应，纷纷授牌。在这一过程中也出现了省、市、县层层授牌的现象，使这一工作流于形式，失去了建设户外劳动者服务站点的最初意义。

▶ 解读

建设户外劳动者服务站点，就是为了解决广大户外劳动者的切身问题，把工会组织的温暖、各级党政的关心关爱送到广大户外劳动者的心坎上。要使这项有着巨大社会意义的工作持续健康开展下去，及时建立严格的考核评价制度十分必要。各省（区、市）总工会应建立考核评价制度，对本地区的站点实施自查自评，考核评估，甚至采用退出机制，如此才能让每一个户外劳动者服务站点名副其实，充分发挥其应有的作用。

▶ 案例

1. 验收

@ 北京市总工会：2016 年明确将"户外劳动者服务站点"做成全市服务项目，搭载至三级服务体系平台，户外劳动者可以通过"北京工会 12351"手机 App 对服务进行评价。2018 年开始，要求各区总工会、各产业工会做好职工之家、职工暖心驿站的验收工作，市总对职工之家、职工暖心驿站建设工作进行抽查验收，并将建设情况纳入年底工会工作考评。

@ 山东省总工会：对效果评估进行了规范。包括站点自查，由驿站站长组织实施，每月至少 1 次，重点检查驿站卫生管理、日常消耗品补充、设施设备完好情况，以及户外劳动者服务情况等，发现问题，及时整改。市县抽检，由各市、县（市、区）总工会会同劳模先进、环卫职工代表、志愿者等成立户外劳动者驿站运行情况抽检小组，按照市每半年、县每季至少一次，每次不少于本辖区驿站总数四分之一的要求组织抽检，及时发现存在问题，指导相关单位进行整改。省产业工会、大企业工会结合各自实际参照落实。省级评估，由省总工会权益保障部会同其他有关部门、第三方机构共同成立户外劳动者驿站省级评估小组，结合管理系统统计分析情况，每年进行不少于一次的专项调研，并对各市户外劳动者驿站建设管理情况进行综合评价。

＠ **甘肃省总工会**：要求 2020 年至 2022 年，省总工会每年对市州、县区建设的驿站进行验收，分申报、自查自评、验收和奖励三个阶段。申报阶段，各市州总工会、兰州新区工会根据省总分配的建设任务，制定本地区的推进计划和措施，于每年的 5 月下旬以正式文件向省总上报本年度建设计划；自查阶段，各市州总工会、兰州新区工会按照《甘肃工会户外劳动者驿站规范化建设考核验收评分细则》，对所辖区域内建设的驿站全部进行验收，出具验收报告，并将验收报告于 9 月底前报省总工会法律保障部；

验收奖惩。省总工会在每年的 10 月底前，按照各地当年建成驿站总数的 30% 进行抽查复验，复验评分在 90 分以下的不予通过，同时按照相应比例在市州当年建成总数中核减，验收合格的提请省总主席办公会议研究通过，下发通报、下拨建设补助资金。对已建成通报的按照各地总量的 15% 进行抽查复验，对抽查复验中不达标的，限期整改，整改后还不达标的，予以摘牌，撤销驿站建设资格。

甘肃工会户外劳动者驿站规范化建设考核验收评分细则

驿站全称： 考核单位（盖章）

考核项目		考核内容	分值	市州考核	省总复验
基础建设	驿站标识	标识尺寸、内容、颜色等符合实施方案标准	2		
		标识临街或醒目处悬挂	2		
	面积位置	一楼临街	5		
		驿站面积不少于 6 平方米，或能同时为至少 4 名户外劳动者提供服务	10		
	基本设施	桌椅	10		
		饮水设备	10		
		微波炉	10		

续 表

考核项目		考核内容	分值	市州考核	省总复验
		空调（电风扇）、取暖设备	10		
		医药箱	1		
		多功能电源插座	1		
		自行车（包括电动自行车）维修工具箱	1		
		雨伞等雨具	1		
		书报架，同时配备《工人日报》《甘市日报》《甘肃工人报》并及时更新	5		
		配备有关劳动法律法规宣传资料	2		
		室内标识省总工会、驿站所在地地方总工会微信公众号二维码	2		
		有独立厕所或就近解决如厕问题	10		
	日常管理	有稳定的管理人员或管理团队负责日常管理	2		
		明示管理和运维的人员联系电话	2		
		明示管理规定、使用要求、安全须知和服务项目	2		

续　表

考核项目		考核内容	分值	市州考核	省总复验
	资金资产管理	驿站资金实行专项管理、专款专用	2		
		资产登记造册，有资产台账，工会出资购置的设施上有工会会徽标识	2		
	运行管理	日常消耗品更换及时	2		
		室内外卫生干净整洁、清理及时	2		
		设备运行良好，电器损坏维修及时	2		
		管理服务人员服务态度良好	2		
	加分项	利用驿站开展政策咨询、法律援助，加 1 分			
		利用驿站开展医疗义诊活动，加 1 分			
总得分					

@ 固原市总工会：2019 年制定了《固原市推进工会户外劳动者服务站点暨"一站三家"建设实施方案》要求，健全完善考核机制。市总工会要将服务站点建设纳入对各个县区总工会及市直相关单位工会的年度目标任务进行考核，实行按月上报进度，按季进行现场督查。请各个县区

总工会及相关单位将服务站点建设规划情况报市总工会,市总工会要组织考核验收。

2. 监督

@ 天津市总工会: 要求各区总工会对本地区服务站点每季度开展一次检查,加强日常监管,每半年开展一次互查,交流工作经验。对作用发挥突出的服务站,要加大支持力度;对作用发挥不明显的,要及时进行调整。对服务中出现的问题要及时解决。

@ 辽宁省总工会: 在 2020 年制定的《关于规范工会户外劳动者服务站点相关工作的实施办法》中提出,各地要建立站点工作评价机制。可采取随机抽查、第三方评估、暗访等方式,对站点建设运行管理进行评价。县级及以上工会可结合当地实际确定相关标准,制定站点考核评分体系。市级工会每年应对本地区站点工作进行考核,省总工会每年对各地站点工作进行指导、监督。

@ 杭州市总工会: 从 2018 年起,每年开展年度杭州市工会系统"爱心驿家"建设和复验工作。对照《杭州市工会系统"爱心驿家"建设实施方案》规定的建设标准和管理要求,市总工会保障工作部对已经建成且继续使用的

"爱心驿家"开展全面复验。

@ 山东省总工会: 健全了检查督导机制。全省 12351 职工服务热线随时接受户外劳动者相关投诉,并要求市总工会每半年、县(市、区)工会每季度至少一次,每次不少于本辖区站点总数四分之一的标准,对辖区内站点进行抽检,及时发现存在问题,指导相关单位进行整改。对未按要求提供服务或履行相关承诺的站点及时督促整改,情节严重的取消站点设置资格,并收回站点牌匾。

@ 四川省总工会: 四川省总工会与中国邮政集团有限公司四川省分公司、中国邮政储蓄银行股份有限公司四川省分行联合印发的通知,明确站点的监督检查由驻地所属各级工会组织负责,各级工会必须安排专人负责监督工作,采取定期和不定期抽查两种方式加强对站点管理运行情况的监管,对检查中发现的问题要求其限期整改,多次整改仍不达标的,各级总工会有权取消"驿站"资格,并报上级总工会备案。站点的管理运行监督制度标牌、管理责任人和监督责任人信息标牌必须悬挂在站点醒目位置,便于户外劳动者知晓和上级部门的检查监督。

3. 奖励

@ **上海市总工会**：市总工会会同市总职工援助服务中心等单位加强对"户外职工爱心接力站"的工作指导和监督考核，按5%—8%的比例对管理严格、服务优质、运作良好、职工满意度高的站点授予"年度先进户外职工爱心接力站"称号，对其站长授予"年度明星站长"称号，对其上级单位授予"年度优秀组织奖"称号。

@ **山东省总工会**：省总工会每年对考评结果进行汇总分析，择优选树100家省级"户外劳动者驿站示范点"。在全省范围内开展各层级的"示范站点""明星站长"和"年度优秀公益合作伙伴"等活动，给予一定的资金支持，提高社会参与建设的积极性。2020年9月，省总工会在2019年底前建成的服务站点中评选出100个示范点，并列支50万元，为每个示范点提供5000元资金扶持，调动了社会力量参与工会服务站点建设的积极性。

@ **焦作市总工会**：为确保爱心驿站稳定运行，实行分级和动态管理。分市级、县级、企业级三类。对于动态管理中不符合相应级别条件的爱心驿站，及时下调级别，减少支出补贴。同时，爱心驿站所在单位要定期自检，加强管理和考核，考核情况于每年底前报上级工会备案；上级工会每年要对本级命名的爱心驿站进行考核，不符合条件的予以撤销。此外，适时在全市开展"最美爱心驿站"评选活动，对评选出的"最美爱心驿站"进行奖励。

4. 考核

@ 黑龙江省总工会：明确市（地）工会可与第三方专业机构签订站点运营管理评估工作合同，由其对站点日常运行管理情况进行评估，并出具评估报告，评估报告报省总工会备案。省总工会将制定工会户外劳动者服务站点考核评价体系，每年根据实际情况和评估报告对站点运行管理及站点工作情况进行年度考核。

@ 西安市总工会：实施星级创建分类达标管理体系。

建立星级达标分类管理。按照每个站点场地基础条件和硬件设施物品配备、人员管理、提供服务数量和效果等情况及创新内容等方面进行分类管理，分别设二星、三星、四星、五星四个层级，各星级占全部站点的比例分别为 65%、20%、10% 和 5%。二星、三星级由街道申报，区县、开发区工会检查验收确定；四星、五星级由区县、开发区工会申报，市总工会检查验收确定。星级达标验收每年进行一次，实行动态管理，如出现重大问题，可以随时降级或摘牌。

　　开展星级驿站创建活动。各站点的建设管理全部纳入星级创建活动中，新建站点必须在建设中按照二星级以上标准进行，当年正常运行，次年验收确定具体星级；已建成站点每年提前向上级工会申报创建星级，经验收后确定具体星级。按照站点星级创建评分表，在各站点日常创建活动的基础上，进行逐项考核打分，确定站点星级。二星、三星级站点需达到建设标准基本条件，发挥工作实效，并不断增加服务内容和服务数量；四星、五星级站点在完全达到建设标准的基础上，以提供五星级服务为目标，结合实际不断拓展服务功能，增加项目内容，开展多种活动，不断创新管理，充分发挥窗口平台作用，持续扩大工会组织影响力。

西安市总工会"西安工会爱心驿站"星级创建评分表

序号	考核项目	评分指标	分值
1	场地及设施物品配备（30分）	1. 标识悬挂醒目、管理制度上墙	1—3
		2. 场地宽敞整洁（最少10平方米以上），服务区域相对集中、醒目，指引明显清楚	6—12

序号	考核项目	评分指标	分值
		3. 如厕、桌凳、空调、冰箱、微波炉、饮水机（烧水壶、保温桶）、手机充电站（插排）、医药箱、工具箱、柜子、报架、图书、报纸等齐全	5—10
		4. 因地制宜，不断增加新的服务设备、物品	1—5
2	管理规范（40分）	1. 单位领导重视，将"西安工会爱心驿站"管理服务工作纳入本单位工作安排，对管理服务人员进行培训	3—8
		2. 直接管理人员工作认真负责，热情主动，耐心服务，及时登记统计服务情况	3—8
		3. 设施设备登记在案，运转正常。人员变换交接有记录。设备保修及时，易耗品随时补充，及时沟通书报收到情况，保持报刊常换常新	3—8
		4. 积极开展宣传推广"西安工会爱心驿站"的活动，不断扩大影响力	1—5
		5. 发现问题，及时反映沟通，妥善解决	3—8
		6. 服务时间较长（8小时以内、8小时以上、12小时）	1—3
3	创新服务（15分）	以"西安工会爱心驿站"为平台，因地制宜，举办各类爱心活动，延伸工会服务职工的职能，扩大驿站的社会	2—15

序号	考核项目	评分指标	分值
		影响力，每举办一次活动，组织 10 人以内，得 2 分；10—20 人，得 3 分；20—30 人，得 4 分；30 人以上，得 5 分，全年累计不超过 15 分	
4	效果显著（15 分）	1. 服务人次较多，服务效果好，广受户外劳动者等人欢迎，日均 5 人以下，得 1 分；5—10 人，得 2 分；11—20 人，得 3 分；21—30 人，得 4 分；30 人以上，得 5 分	1—5
		2. 及时总结报告工作中涌现出的典型案例和先进事迹，有其他单位来调研、观摩学习	1—5
		3. 全年无投诉，无负面反映，发现一次得 0 分	5

考评说明：1. 打分要严格考核，准确评分；2. 星级标准：二星级（60—70 分）；三星级（71—80 分）；四星级（81—90 分）；五星级（91 分以上）。

5. 退出

@ 上海市总工会："户外职工爱心接力站"明确一名站长，由所在单位负责人或管理人员兼任，实行站长负责制，明确职责，纳入个人考核目标。为加强站点管理，优化服务质量，按照上海市政府实事项目的管理要求，上海市总工会还设立了日常自查、区级抽查及市级考评的三级考核机制。其中，市级考核小组由市总基层工作部、市绿化市容行业工会、市总职工援助服务中心、劳模先进、一线环卫职工代表等相关人员共同对全市站点进行随机抽查考评；区级考核小组由区总职工服务中心志愿者团队每月不定期对本区域内站点进行飞行检查；在考评过程中严格执行"红黄牌"制度，对于未按要求提供服务或不执行相关服务承诺的站点责令整改，情况严重的取消站点资格、收回牌匾。

@ 山东省总工会：明确要求山东省总工会 12351 职工服务热线 24 小时受理相关咨询及投诉。对未按要求提供服务或履行相关承诺的驿站，应及时协调整改，情节严重的取消驿站资格，并由授牌工会收回驿站牌匾。驿站站点因故撤销，应由站长提前 10 个工作日登录系统，向县级工会提出撤销申请，经市级总工会核准后正式撤销。驿站牌匾由授牌工会收回。地址变更按照原驿站撤销和在新址增建驿站两个步骤处理。其他信息变更，由站长登录系统修改，提交县级工会审核确认。

@ 四川省总工会：要求各市（州）总工会要对前期挂工会牌子的已建站点进行一次全面排查清理。一是要加强共建站点的监管，凡不符合"六有"标准的，暂时撤销工会户外劳动者服务站点标识标牌，同时函告共建单位进行限期整改，整改结束后由属地工会派人进行复查，达标后重新挂牌投入使用；整改结束后仍不符合"六有"标准，但能实现站点部分服务功能的，可悬挂其他标识，严禁悬挂与工会相关的站点标识标牌。二是要加强工会自建站点的监管，凡不符合"六有"标准的，暂时撤销工会户外劳动者服务站点标识标牌，整改达标后再重新挂牌投入使用。

此外，强调各市（州）总工会要加强对站点建设运行管理的检查和指导。县级及以上工会要参照《四川省工会户外劳动者服务站点考核细则》，制定站点考核方案，每年进行一次考核，主要考核内容为站点"六有"标准以及日常运行管理等，对考核不合格的，责令限期整改，整改后仍不合格的，取消工会站点资格。

四川省工会户外劳动者站点考核细则

站点名称：　　　　站点地址：

标识	是否符合全总要求规范		考核综合评价（合格、不合格）	备注
	是否在室外醒目位置加挂			
建设布局	站点密度是否考虑城市道路情况和户外劳动者区域			
基本设施	标准设施：饮水设备、微波炉、桌椅、电风扇（空调）、医药箱、多功能电源插座、工会信箱			
	拓展设施：厕所、冰箱、储物柜、维修工具箱、电视机、无线网络（Wi-Fi）、工会报刊书籍、充电充气工具等			
	站点外部是否在显著位置标示包括服务时间、管理和监督人员姓名、电话等信息内容			
服务功能	是否解决"吃饭难、喝水难、休息难、如厕难"等问题			
	是否每月收集和处理工会信箱信件			
管理制度	是否安排专人负责日常管理及维护，并将站点管理制度和服务内容上墙公示			
	设施设备是否整齐摆放、完整好用，站点环境是否保持清洁			
	站点的管理运行监督制度标牌、管理责任人和监督责任人信息标牌是否悬挂在站点醒目位置			

地图查询	掌上川工 App 的工会地图是否能查询到站点位置			
其他功能